Rafik Belabbas

Raças de ruminantes

Rafik Belabbas

Raças de ruminantes

Livro didático

ScienciaScripts

Imprint

Any brand names and product names mentioned in this book are subject to trademark, brand or patent protection and are trademarks or registered trademarks of their respective holders. The use of brand names, product names, common names, trade names, product descriptions etc. even without a particular marking in this work is in no way to be construed to mean that such names may be regarded as unrestricted in respect of trademark and brand protection legislation and could thus be used by anyone.

Cover image: www.ingimage.com

This book is a translation from the original published under ISBN 978-620-6-70863-6.

Publisher:
Sciencia Scripts
is a trademark of
Dodo Books Indian Ocean Ltd. and OmniScriptum S.R.L publishing group

120 High Road, East Finchley, London, N2 9ED, United Kingdom
Str. Armeneasca 28/1, office 1, Chisinau MD-2012, Republic of Moldova, Europe
Printed at: see last page
ISBN: 978-620-8-06179-1

<u>Prefácio</u>

Este livro descreve as origens das populações de ruminantes e as suas caraterísticas morfológicas, fanerópticas e energéticas. Descreve também as suas caraterísticas zootécnicas, permitindo-nos diagnosticar as raças e identificar os animais.

Está dividido em 7 capítulos: raças estrangeiras de bovinos leiteiros, raças estrangeiras de bovinos de carne, raças locais de bovinos, raças locais e estrangeiras de ovinos e raças locais e estrangeiras de caprinos.

ÍNDICE

Introdução

A etnologia deriva de palavras gregas (*ethnos* "povo" e *logos* "razão ou ciência"). É a ciência que se ocupa dos povos. O seu objetivo é compreender todas as caraterísticas de cada grupo étnico ou raça.

Noção de raça...

A raça é uma subdivisão da espécie. Esta palavra é utilizada para designar um conjunto de indivíduos semelhantes entre si, mas que diferem dos outros indivíduos da mesma espécie por certas aptidões ou pelo desenvolvimento harmonioso e especial de algumas das suas formas. Estes indivíduos têm a propriedade de conservar as suas caraterísticas distintivas, que transmitem através das gerações.

O termo "raça" aplica-se principalmente aos animais domésticos, ou seja, aqueles criados sob a influência especial do homem; não é utilizado para os animais selvagens (Fauve, 2009).

Para que os indivíduos sejam considerados como pertencentes à mesma raça, devem (embora esta não seja uma condição absoluta) assemelhar-se uns aos outros pela conformação geral do corpo, ou pelo desenvolvimento especial de certas aptidões que são também hereditárias. Estas aptidões são geralmente combinadas com a identidade de forma; mas também acontece que a semelhança geral de conformação, em vez de se estender a toda a raça, se restringe a certos grupos dentro dessa raça (DE weckherlin D'auguste, 1857; Fournier, 2006; Dirand, 2007).

Existem diferentes tipos de raças:

A raça que ainda não foi normalizada, ou a "população tradicional", está presente numa dada região e procura obter o reconhecimento oficial da sua existência. Esta situação é ainda frequente nos países em vias de desenvolvimento (por exemplo, na Argélia).

A raça standard (o conceito teve origem em Inglaterra no século XVIII). Este tipo também inclui :
- Raças grandes;

- Raças ameaçadas de extinção ou raças com números reduzidos.
- Raças internacionais que existem em várias regiões do mundo (*por exemplo,* a raça bovina "Holstein").
- Raças locais. Uma raça local é definida como uma raça que está predominantemente ligada, pela sua origem, localização e método de criação, a um determinado território.

Os principais sinais utilizados para distinguir as raças são julgados por certas diferenças de conformação (corpo, cabeça, estrutura óssea, etc.) e de pelo (pelo, lã, cornos, etc.) (Petter, 1987).

I. Raças de bovinos leiteiros

I.1 A raça Abondance : A raça Abondance é originária do vale de Abondance, no maciço de Chablais, em Haute-Savoie, em França. [ème]É considerada como a 4 raça leiteira francesa. Encontra-se igualmente no Canadá, na América do Sul (Chile, México), nos Alpes suíços e italianos, no Vietname e no Próximo e Médio Oriente (Iraque, Irão e Iémen).

Caraterísticas da raça :

Morfologia: perfil linear convexo. Tamanho médio (eumétrico) e proporções mediolíneas. Estrutura óssea fina, pernas finas e secas (sinal de adaptação à marcha).

Quadro 1: Altura e peso da raça Abondance (www.la-viande.fr).

	Altura (cm)	Peso (kg)
Masculino	150	900-1100
Feminino	145	600-750

Cabeça: com exceção dos vidros vermelhos à volta dos olhos e das orelhas, o coque, a barriga, as pontas das patas e a cauda são brancos.

Chifres: os chifres são curvados para a frente e depois para trás. Os cascos são pretos.

Pelagem: Pardal vermelho mogno (pelagem grande), cabeça branca com óculos, mucosas e tetas que variam do rosa ao castanho.

Úbere: alto e bem aderente; tetas curtas e finas.

Competências :

Trata-se de uma raça de montanha resistente, com uma longevidade excecionalmente longa.

Uma Abondance produz mais de 5.800 kg de leite (capacidade de fabrico de queijo) e uma vaca reformada fornece uma carcaça de 300 a 350 kg.

Os bovinos jovens, em particular os vitelos, crescem rápida e significativamente, sendo o peso da carcaça de um vitelo de 18 meses de idade entre 320 e 380 kg (Babo, 1998; Baker, 2008; Derville, 2009; Mercier, 2002).

Figura 1: Vaca Abondance (www.la-viande.fr).

I.2 A raça Montbéliarde: A raça Montbéliarde é uma raça de bovinos francesa resultante do cruzamento entre raças autóctones da região de Franche-Comté e uma raça proveniente da Suíça. èmeÉ considerada a segunda raça leiteira francesa em termos de efetivo, depois da Prim'Holstein. É um produtor de leite de renome, particularmente apreciado pela produção de queijos famosos como o Comté, o Morbier, o Bleu de Gex e o Mont d'Or.

Caraterísticas da raça :

Morfologia: perfil linear convexo. Grande formato (hipermétrico) e proporção mediolínea.

Quadro 2: Tamanho e peso da raça Montbéliarde (www.la-viande.fr).

	Altura (cm)	Peso (kg)
Masculino	170	1000-1200
Feminino	145	650-800

Cabeça: fina, olhos largos, mucosas claras e focinho largo.

Chifres: chifres longos, finos e brancos, colocados no alto e curvados para a frente.

Pelagem: Parda vermelha com manchas bem definidas, embora a cabeça, o ventre e as patas permaneçam brancos.

Úbere: alto e largo, muito avançado; tetas implantadas no centro dos quartos e ligeiramente viradas para dentro.

Aptidões : A Montbéliarde é uma grande vaca leiteira, mas que conserva as suas qualidades de vaca de carne. A produção média de leite por vaca é superior a 7000 kg. O seu leite é de grande qualidade queijeira, com um teor proteico notável.

As carcaças das vacas de reforma pesam entre 340 e 380 kg e as dos vitelos de 18 meses cerca de 380 kg. Esta raça caracteriza-se por uma boa longevidade (Babo, 1998; Baker, 2008; Derville, 2009; Mercier, 2002).

Figura 2: A raça Montbéliarde (www.la-viande.fr).

I.3. A raça Brune des Alpes : A Brune, anteriormente denominada Brune des Alpes, é uma raça bovina suíça. Os touros desta raça foram introduzidos na Argélia nos anos 1900 (utilizados para a reprodução com a raça local Burne de l'Atlas).

Caraterísticas da raça :

Morfologia: perfil reto. Esqueleto robusto.

Quadro 3: Altura e peso da raça Brune des Alpes.

	Altura (cm)	Peso (kg)
Masculino	155	900-1100
Feminino	140	650-750

Cabeça: A parte interna das orelhas é peluda e branca, lembrando pelúcia.

Cornagem: em forma de lira ou de taça.

Pelagem: cinzento-rato ou castanho-acinzentado com extremidades e mucosas pretas, descoloração à volta do focinho e no interior das orelhas (pêlos brancos), esbatimento da cor nas declividades, risca clara, frequente ao longo da linha superior.

Competências :

A morena é uma boa vaca leiteira que dá cerca de 7000 kg de leite rico em proteínas (relação TP/TB bastante boa: TB = 41,3 ‰ ; TP = 33,6 ‰).

Adapta-se a todos os climas, mesmo os das regiões quentes, graças à sua excelente regulação térmica, o que explica a sua distribuição mundial.

O valor da carne de bovino não é negligenciável para a rentabilidade do agricultor; a carcaça de uma vaca de refugo pesa cerca de 370 kg, enquanto a de um vitelo de 18 meses ronda os 350 kg (GMQ: 1200 a 1400 g) (Babo, 1998; Baker, 2008; Derville, 2009; Mercier, 2002).

Figura 3: A raça castanha alpina (www.la-viande.fr).

I.4. Raça Normanda: Originária da região da Normandia, em França. Encontra-se atualmente na América do Sul (México, Argentina, Brasil e Equador). [ème]É considerada a terceira raça francesa de gado leiteiro em termos de efectivos.

Caraterísticas da raça :

Morfologia: perfil côncavo. Grande formato (hipermétrico) e proporção mediolínea.

Quadro 4: Tamanho e peso da raça Normanda (www.la-viande.fr).

	Altura (cm)	Peso (kg)
Masculino	155	900-1200
Feminino	140	700-800

Cabeça: cabeça retangular, com testa convexa e olhos muito abertos, com óculos caraterísticos.

Chifres: chifres brancos em forma de crescente, curvados para a frente.

Pelagem: Tricolor com marcas tigradas e brancas, cabeça branca com óculos e focinho malhado.

Úbere: bem desenvolvido e de inserção alta.

Competências :

Raça mista, a Normandia é conhecida pelas suas qualidades leiteiras e bovinas.

A vaca dá mais de 6.500 kg de leite com um elevado teor de manteiga (TB: 44 ‰) e de proteínas (capacidade de fabrico de manteiga e de queijo).

Conformação da carne: esta raça produz carcaças pesadas, bem conformadas e de qualidade; a carcaça de uma vaca de reforma pesa cerca de 380 kg, a de um novilho de 17 meses 370 kg e a de um novilho mais de 400 kg (Babo, 1998; Baker, 2008; Derville, 2009; Mercier, 2002).

Figura 4: A raça Normande (www.la-viande.fr).

I.5. A raça Prim'Holstein: É considerada a principal raça leiteira do mundo, mas também de França. Raça de origem neerlandesa, foi transformada em FFPN em 1974, após o que foi introduzida nos Estados Unidos e no Canadá, daí o seu nome Frison Holstein, até 1990, altura em que passou a ser Prim'Holstein.

Caraterísticas da raça :

Morfologia: Perfil sub-côncavo. Proporção de tipo esguio com bacia larga e horizontal, padrão leiteiro muito pronunciado. Raça de grande porte (sub-hipermétrica).

Quadro 5: Altura e peso da raça Prim'Holstein (www.la-viande.fr).

	Altura (cm)	Peso (kg)
Masculino	160	1100
Feminino	145	700

Cabeça: cabeça comprida e focinho largo.
Chifres: chifres finos em forma de crescente, dobrados para trás.

Pelagem: Normalmente de cor preta-pétala com mucosa preta. A coloração é irregular e muito variável. O padrão do lenço e do cinto é dominante, mas qualquer extensão do padrão é possível, com as pontas das patas e da cauda a permanecerem sempre brancas.

Úbere: o úbere é volumoso e está perfeitamente adaptado à ordenha mecânica (inserção, equilíbrio antero-posterior).

Competências :

A principal raça leiteira do mundo, com um desempenho quantitativo muito elevado em termos de leite (raça recordista, até 24 000 kg numa lactação). Teor proteico extremamente elevado.

Embora a seleção para a forma do úbere (equilíbrio do úbere e adaptação das tetinas à ordenha mecânica) tenha sido muito eficaz, foi acompanhada por uma maior suscetibilidade a infecções intramamárias (esfíncter das tetinas mais fraco). Conformação medíocre no talho, rendimentos medíocres, precocidade que conduz a uma elevada gordura na carcaça. Vacas reformadas que produzem carcaças de 310-330 kg.

A seleção para um elevado potencial de produção conduziu a uma deterioração do desempenho reprodutivo (Babo, 1998; Baker, 2008; Derville, 2009; Mercier, 2002).

Figura 5: A raça Prim'Holstein (www.la-viande.fr).

I.6. Raça Tarentaise ou Tarine: A Tarentaise ou Tarine é uma raça bovina francesa. É também criada em Itália, no Vale de Aoste, sob a denominação de Savoiarda. É originária do vale de Tarentaise, em Savoie. É uma grande raça de montanha, adaptada às variações de temperatura e aos terrenos acidentados (muito resistente).

Caraterísticas da raça :

Morfologia: perfil reto. Tamanho: médio (elipométrico) e Proporção: mediolíneo. Esqueleto fino e sólido.

Quadro 6: Altura e peso da raça Tarentaise (www.la-viande.fr).

	Altura (cm)	Peso (kg)
Masculino	145	800
Feminino	130	500

Cabeça: cabeça curta com órbitas oculares salientes, focinho largo e curto.

Chifres: chifres em forma de lira com pontas pretas. As unhas duras e pretas fazem dele um excelente andarilho.

Pelagem: fulvo avermelhado uniforme, a do touro é mais escura. Membranas mucosas pretas.

Úbere: equilibrado, bem ligado

Competências :

Esta raça resistente produz bom leite e boa carne. Uma vaca fornece mais de 4500 kg de leite por lactação com uma TB de 36 ‰ (aptidão para o queijo).

É fácil de engordar, o que lhe confere um excelente potencial de carne. O peso da carcaça de um novilho de 17 meses é de cerca de 290 kg.

A Tarentaise vive muito tempo (boa longevidade) e dá à luz sem complicações (Babo, 1998; Baker, 2008; Derville, 2009; Mercier, 2002).

Figura 6: A raça Tarentaise (www.la-viande.fr).

I.7. A raça Bretonne Pie Noir : Originária do sul da Bretanha. Trata-se de uma raça muito antiga, cujo livro genealógico foi criado em 1886.

Caraterísticas da raça :

Morfologia: pequeno.

Quadro 7: Altura e peso da raça Bretonne Pie Noir (www.la-viande.fr).

	Altura (cm)	Peso (kg)
Masculino	123	600
Feminino	117	350-450

Cabeça: cabeça fina e expressiva com pescoço médio.

Chifres: Chifres de comprimento médio, em forma de lira ou em forma de meia-lua, brancos com pontas escuras.

Pelagem: Parda preta com lenço e cinto bem definidos. Partes inferiores, patas e tufo brancos, mucosas pretas.

Aptidões: boa rusticidade, boa adaptação aos climas quentes, boa fertilidade e boa longevidade. Aptidão para a lactação: 3590/kg/lactação (Babo, 1998; Baker, 2008; Derville, 2009; Mercier, 2002).

Figura 7: A raça Bretonne Pie Noir (www.la-viande.fr).

I.8. Raça Salers: Esta raça deve o seu nome à pequena cidade de Salers, na região do Cantal, em França. É uma raça muito antiga, utilizada pelo seu queijo e pela sua carne, e é considerada uma raça robusta de montanha (boa caminhante em terrenos pedregosos ou húmidos).

Caraterísticas da raça :

Morfologia: perfil reto. Grande formato (hipermétrico). Proporção: alongada (por vezes mediolíneo).

Tabela 8: Altura e peso da raça Salers (www.la-viande.fr).

	Altura (cm)	Peso (kg)
Masculino	153	900-1350
Feminino	140	800-950

Cabeça: cabeça de tamanho médio com focinho de cor clara.

Chifres: chifres longos, em forma de lira, de cor marfim velho com as pontas mais escuras. Os cascos são pretos e duros.

Pelagem: vermelho mogno sem manchas, pelo comprido encaracolado, mucosas claras.

Aptidões: Raça aleitante, carne de qualidade. Rígida, robusta, longeva, fácil de parir. A carcaça de um touro de 18 meses pesa cerca de 370 kg (Babo, 1998; Baker, 2008; Derville, 2009; Mercier, 2002).

Figura 8: A raça Salers (www.la-viande.fr).

II. Raças de bovinos de carne

II.1 A raça Charolesa: A raça Charolesa é uma raça francesa de vacas, originária da região de Charolles, na Borgonha, especificamente selecionada para o consumo da sua carne, cujos indivíduos são grandes e de cor branca simples, por vezes tendendo para o creme. [ère]É considerada a 1 raça de carne em França.

Caraterísticas da raça :

Morfologia: Perfil linear convexo. Tamanho grande (hipermétrico). Proporção: sub-brevilínea. Esqueleto: Forte.

Quadro 9: Altura e peso da raça Charolesa.

	Altura (cm)	Peso (kg)
Masculino	135 - 165	1000 - 1650
Feminino	135 - 150	700 - 1100

Cabeça: Cabeça pequena e curta, testa larga. Coque direito, focinho curto e direito, focinho largo, orelhas de tamanho médio.

Chifres: os chifres são ligeiramente levantados e claros.

Pelo: branco sólido, por vezes creme, mucosas claras.

Competências :

Esta raça de aleitamento tem um potencial de crescimento muito elevado, uma excelente ingestão de alimentos, o que significa que pode engordar rapidamente, e uma excelente conformação carnuda.

O peso da carcaça de um novilho de 18 meses é de cerca de 430 kg. O peso da carcaça de uma vaca de reforma é de 400 kg. Esta vaca tem uma taxa elevada de gémeos e é resistente e poderosa (Babo, 1998; Baker, 2008; Derville, 2009; Mercier, 2002).

Figura 9: Raça Charolesa (www.la-viande.fr).

II.2 A raça Limousine: A raça Limousine é uma raça bovina francesa rústica, originária da região de Limousine, utilizada principalmente para a produção de carne. Encontra-se atualmente em 80 países do mundo, quer como raça pura, quer como cruzamento com raças locais para a produção de carne.

Caraterísticas da raça :

Morfologia: Perfil convexo. Tamanho grande (hipermétrico) e Proporção: brevilíneo. Esqueleto: fino. Musculatura bem desenvolvida.

Quadro 10: Altura e peso da raça Limousine (www.la-viande.fr).

	Altura (cm)	Peso (kg)
Masculino	155	1000 - 1350
Feminino	135	650 - 850

Cabeça: curta, com testa e focinho largos.

Chifre: os chifres são arqueados para a frente.

Pelagem: Trigo claro a escuro com halos mais claros à volta dos olhos e do focinho. O pelo é frequentemente encaracolado e as mucosas são claras.

Competências :

O Limousin é uma raça de carne notável, tanto em aleitamento como em rusticidade. Uma boa taxa de crescimento de pelo menos 1000 g por dia e uma boa capacidade de engorda.

O peso médio ao nascer é de cerca de 42 kg; um vitelo de 16 meses fornece uma carcaça de topo de gama de cerca de 380 kg, enquanto a de uma vaca de reforma atinge o mesmo peso.

Esta raça tem uma longa duração de vida, uma boa fertilidade e é fácil de parir (Babo, 1998; Baker, 2008; Derville, 2009; Mercier, 2002).

Figura 10: A raça Limousine (www.la-viande.fr).

II.3. Raça Hereford: A raça Hereford é originária da região que lhe dá o nome, o condado de Herefordshire (Grã-Bretanha). Trata-se de uma raça que requer pouca alimentação e que se adapta bem a todos os climas.

Caraterísticas da raça :

Morfologia: Perfil convexo. Tamanho médio (Eumétrico) e Proporção: Brevilíneo. O tronco é redondo e maciço e as pernas são relativamente curtas. Coxas muito musculadas. Estrutura óssea fina.

Quadro 11: Tamanho e peso da raça Hereford (www.la-viande.fr).

	Altura (cm)	**Peso (kg)**
Masculino	145	900-1100
Feminino	130	600-800

Horning: no pastoreio, alguns animais têm chifres, outros não (Polled Hereford).

Pelagem: Muito fácil de identificar graças à distribuição particular das cores na pelagem: grande manto vermelho; cabeça, peito, ventre e ponta da cauda brancos. Uma linha branca no garrote, branca nas patas abaixo dos joelhos e nos jarretes; pelo encaracolado.

Aptidões: É a raça de carne mais difundida no mundo. É rústica, muito dócil, precoce, fértil, dá à luz facilmente, tem qualidades maternais excepcionais e dura muito tempo.

Os vitelos crescem rapidamente, com uma média de 40 kg à nascença, 270 kg ao desmame aos 205 dias e 450 kg ao fim de um ano (Babo, 1998; Baker, 2008; Derville, 2009; Mercier, 2002).

Figura 11: A raça Hereford (www.la-viande.fr).

II.4. A raça de Camargue: esta raça existe desde há muito tempo na região de Camargue. É considerada a única raça europeia selvagem (utilizada para a luta).

Caraterísticas da raça :

Morfologia: formato médio.

Quadro 12: Tamanho e peso da raça Camargue (www.la-viande.fr).

	Altura (cm)	Peso (kg)
Masculino	134-140	400-650
Feminino	115	200-350

Cabeça: testa larga, deprimida.

Cornagem: longa e poderosa, em forma de lira ou de cálice muito elevado. As mucosas são escuras.

Pelagem: Predominantemente preta brilhante, mas também pode usar outras cores como o castanho, o cinzento, o branco e o vermelho.

Aptidões: boas qualidades de talho, carne vermelha brilhante, muito cara e com pouca gordura.

Figura 12: A raça Camargue (www.la-viande.fr).

III. Raças bovinas locais

III.1 Raça BRUNE DE L'ATLAS: Todos os tipos de bovinos originários do Norte de África são designados por raça Brune de l'Atlas. Esta raça ocupa zonas difíceis, nomeadamente regiões montanhosas e pastagens. Cerca de 2/3 da raça encontra-se no Leste do país.

Resiste a condições climáticas difíceis (calor, frio, seca) e aproveita bem os alimentos de má qualidade. É resistente a vários parasitas e doenças (nomeadamente aos insectos que picam). A raça não dispõe ainda de um Livro Genealógico (Amadou, 2019; Yahimi, 2021; Itelv, 2022; Meyer, 2022).

Caraterísticas da raça :

Morfologia: Formato elipométrico. Esta raça é brevilínea em todas as suas partes do corpo (até mediolíneo). É uma raça braquicefálica. Pescoço curto com barbela pequena. Tronco com peito profundo. Bacia ligeiramente intrincada, coxas planas e nádegas finas. Membros finos, cascos pretos.

Quadro 13: Tamanho e peso da raça castanha do Atlas (Amadou, 2019).

	Altura (cm)	Peso (kg)
Masculino	115-125	350-400
Feminino	115-125	250-300

Cabeça: direita ou subcôncava. Cabeça forte, larga e curta. Arcos orbitais proeminentes.

Cornagem: curta, em forma de meia-lua, ligeiramente assente no coque e curvada para a frente e para cima, com pontas pretas. Focinho rodeado por uma orla de pêlos brancos.

Pelagem: fulvo escuro com pontas pretas, variando do castanho quase preto ao castanho avermelhado e cinzento escuro, pelo curto, mucosas castanhas e ardósias.

Úbere: Embora pouco produtora de leite, a vaca tem um úbere hemisférico regular, com tetas pequenas, quase cilíndricas. A produção de leite é de 4 a 10 litros por dia.

Aptidão: A raça castanha de Atlas é uma raça tradicional (não especializada, não melhorada). Caracteriza-se por uma fraca produção leiteira, com um peso médio ao nascer de 20 kg e um GMQ de cerca de 200 g/d. Esta raça caracteriza-se pela sua capacidade de caminhar em terrenos difíceis e pela sua boa resistência às condições climatéricas e à má alimentação (Amadou, 2019; Yahimi, 2021; Itelv, 2022; Meyer, 2022).

O castanho de Atlas sofreu alterações em função do meio em que vive, dando origem a ramos que não estão listados nem catalogados. Estes ramos são claramente diferenciados de um ponto de vista fenotípico. Podemos distinguir :

III.1.1 A RAÇA EL CHEURFA Raça El Cheurfa: Esta raça vive na orla das florestas, nas zonas lacustres e costeiras de El-Tarf e Annaba, onde se encontra a maior parte da população. Está presente em Jijel e cobre o sul de Guelma. A pelagem é cinzenta clara, quase esbranquiçada, e o focinho e as pálpebras são sempre pretos.

Figura 13: A raça El Cheurfa (Feliachi, 2003).

III.1.2. A raça Geulmoise: caracterizada por uma pelagem cinzenta escura, vivendo nas zonas florestais das regiões de Guelma e Jijel, esta população constitui a maior parte do efetivo. Os cornos são curtos, grossos na parte da frente e depois tornam-se mais finos, em forma de lira nas fêmeas e em forma de meia-lua na parte da frente nos machos. Tamanho pequeno: altura ao garrote: 80 a 110 cm. Peso: 175 a 200 kg para as fêmeas e 220 a 250 kg para os machos (Amadou, 2019; Yahimi, 2021; Itelv, 2022; Meyer, 2022).

Figura 14: A raça Geulmoise (Feliachi, 2003).

III.1.3. A raça Sétifienne: Com uma pelagem negra uniforme, tem uma boa conformação. O seu tamanho e peso variam consoante a região onde vive. A cauda é preta, longa e, por vezes, arrasta-se no chão. A linha castanha no dorso é caraterística desta população. O peso das fêmeas das terras altas cerealíferas é próximo do das fêmeas importadas. A produção de leite pode atingir 1500 kg/ano. Situa-se nas montanhas de Babors (Amadou, 2019; Yahimi, 2021; Itelv, 2022; Meyer, 2022).

Figura 15: A raça Setifienne (Feliachi, 2003).

III.1.4. A raça Chélifienne: originária da região de Chélif. Tem um tamanho muito pequeno. Caracteriza-se por uma pelagem fulva, uma cabeça curta, cornos em gancho, órbitas oculares salientes rodeadas de óculos castanhos escuros e uma longa cauda preta que toca no chão. Encontra-se nas montanhas de Dahra (Amadou, 2019; Yahimi, 2021; Itelv, 2022; Meyer, 2022).

Figura 16: A raça Chélifienne (Feliachi, 2003).

III.1.5. Raça Djerba: Esta raça é originária da região de Biskra e caracteriza-se por uma pelagem castanha escura, uma cabeça estreita, uma garupa arredondada e uma cauda longa. O seu tamanho muito pequeno adapta-se ao ambiente muito difícil do Sul.

III.1.6. Raças Kabyle e Chaouia: derivadas, respetivamente, das raças Guelmoise e Cheurfa, na sequência de alterações sucessivas na criação de gado. Encontram-se na Cabília e no Aurès (Amadou, 2019; Yahimi, 2021; Itelv, 2022; Meyer, 2022).

IV. Raças ovinas estrangeiras

IV.1. A raça Lacaune :

A Lacaune é uma raça ovina francesa. É a primeira raça francesa em termos de efectivos. Originalmente uma raça mista, é atualmente constituída por duas variedades: Lacaune de leite e Lacaune de carne. A raça Lacaune leiteira é essencialmente criada na zona de Roquefort para a produção de leite, principalmente para a transformação em queijo com esta denominação de origem.

A viande de Lacaune, animal de carne, é criada numa área geográfica mais vasta, sob um sistema rigoroso de aleitamento para a produção principal de borregos de engorda para abate.

É exportado para muitos países, incluindo Portugal, Espanha, Grécia, Tunísia, Eslováquia, Suíça, Alemanha, Áustria, Hungria e Brasil.

Caraterísticas da raça :

Origem: França.

Morfologia: Relativamente hipermétrico (grande). Corpo largo e comprido, peito profundo, cauda comprida e ancorada. Pernas de comprimento médio, proporcionadas e bem aprumadas.

Quadro 14: Altura e peso da raça Lacaune (www.la-viande.fr).

	Altura (cm)	Peso (kg)
Áries	70 à 80	100
Ovelhas	70	70

Cabeça: Perfil ligeiramente arqueado. A cabeça é triangular, fina, coberta de pêlos brancos finos com uma tonalidade prateada. Testa ligeiramente abobadada, orelhas longas e horizontais.

Chifres: sem chifres em ambos os sexos.

Velo: branco; cabeça, pescoço e ventre nus (não invasivos); peso do velo inferior a 2,5 kg.

Aptidão: raça mista (leite e carne). Produção de leite entre 100 e 120 L e até 350 L/180 dias (TP: 52‰, TB: 72 ‰). A prolificidade é de 175% (Babo, 2000; Gillespie, 2009; Jussiau, 2013; Vaissaire, 2014; Wikipedia, 2022).

Figura 17: A raça Lacaune (www.la-viande.fr).

IV.2 A corrida da Ile de France :

Trata-se de uma raça de ovinos selecionada em 1840, perto de Paris, a partir de cruzamentos entre ovelhas Merino de Rambouillet e carneiros Dishley importados de Inglaterra. Apresenta um bom equilíbrio entre as qualidades carnudas e maternais.

Caraterísticas da raça :

Origem: França.

Morfologia: raça pesada (hipermétrica). Tronco longo e amplo, pescoço curto sem barbela, prega ou laço. Membros curtos; pernas regulares; pernas bem desenvolvidas e profundas.

Quadro 15: Tamanho e peso da raça Ile de France (www.la-viande.fr).

	Altura (cm)	Peso (kg)
Áries	78	110 à 150
Ovelhas	70	70 à 90

Cabeça: perfil quase reto, ligeiramente arqueado no macho. A cabeça é forte, mais larga no crânio, as orelhas são grandes e horizontais; rugas no nariz.

Chifres: sem chifres.

Velo: branco extenso que cobre o alto da cabeça, os ganaches, o bordo posterior das faces, as patas dianteiras até aos joelhos (invasivo). É fechado e compacto, com mechas quadradas de bom comprimento, pesando cerca de 5 a 6 kg no carneiro e 4 kg na ovelha; lã fina.

Aptidão: a raça é criada para a lã, a produção de carne e também para o cruzamento. A raça é precoce, prolífica (prolificidade > 170%), boa produtora de leite e muito bem conformada; os borregos têm uma taxa de crescimento elevada e a sua carne é de boa qualidade; o GMQ médio (10- 70 D) é de 350-400g nos machos (Babo, 2000; Gillespie, 2009; Jussiau, 2013; Vaissaire, 2014; Wikipedia, 2022).

Figura 18: A raça Ile de France (www.la-viande.fr).

IV.3. A raça Charmoise :

Encontra-se principalmente no Centro-Oeste (Vienne) e no Sudoeste de França (Ardennes). Utiliza bem os subtipos de forragem e adapta-se particularmente bem aos meios difíceis.

Esta raça deve o seu nome à exploração Charmoise, situada perto de Pontlevoy, na região de Loir-et-Cher, onde foi criada entre 1838 e 1852 por um agrónomo e criador, Édouard Malingié.

Caraterísticas da raça :

Origem: França.

Morfologia: Raça de porte médio. O corpo é de peito largo, dorso nivelado, garupa larga e perna claramente arredondada e bem descida. As pernas são curtas, delgadas e bem afastadas.

Quadro 16: Altura e peso da raça Charmoise (www.la-viande.fr).

	Altura (cm)	Peso (kg)
Áries	65-70	80 à 90
Ovelhas	65	55 à 70

Cabeça: perfil reto. Membranas mucosas pálidas, rosadas, quase castanhas. Olhos exorbitantes. Orelhas erectas.

Chifres: sem chifres.

Velo: lã fina, branca, com a cabeça e os membros nus (velo semi-invasivo).

Aptidão: raça rústica de pastoreio. Um dos grandes trunfos da raça é a sua dessazonalização natural e a sua excelente aptidão para o abate. A taxa de prolificidade é de 120% (Babo, 2000; Gillespie, 2009; Jussiau, 2013; Vaissaire, 2014; Wikipedia, 2022).

Figura 19: A raça Charmoise (www.la-viande.fr).

IV.4. A raça Texel :

A Texel é uma raça de ovinos originária da ilha com o mesmo nome, nos Países Baixos. Trata-se de uma raça muito antiga que foi sendo melhorada ao longo do tempo. O Texel é uma ovelha de lã branca densa e bastante longa, da qual emerge uma cabeça nua com um nariz preto.

Caraterísticas da raça :

Origem: Países Baixos (Ilha de Texel).

Morfologia: raça relativamente pesada. Tronco cónico, cernelha grossa, garupa horizontal e quadrada, bacia larga. As pernas são fortes e terminam em cascos pretos.

Quadro 17: Altura e peso da raça Texel (www.la-viande.fr).

	Altura (cm)	**Peso (kg)**
Áries	70-80	110 à 140
Ovelhas	70	70 à 90

Cabeça: perfil reto. A cabeça é caraterística, com a parte superior do crânio bastante plana, o focinho largo e curto e as orelhas grossas e ligeiramente erectas. O nariz é escuro (frequentemente preto).

Chifres: sem chifres.

Velo: branco, abundante e espesso a ponto de esbater a forma do corpo, não cobrindo a cabeça e os membros (semi-invasivo); peso do velo nos machos: 6-8 kg e nas fêmeas: 4,5 kg.

Aptidão: carne e lã; alta prolificidade (175-200%); boa produção de leite; taxa de crescimento rápida (um único macho pode ganhar 400 a 500 g por dia entre 10 e 30 dias; aos 70 dias, um único macho pesa 30 kg). As qualidades de carne da raça são a conformação e a ausência de demasiada gordura (Babo, 2000; Gillespie, 2009; Jussiau, 2013; Vaissaire, 2014; Wikipedia, 2022).

Figura 20: A raça Texel (www.la-viande.fr).

IV.5. A raça Suffolk :

Originária do Reino Unido. É o resultado do cruzamento entre ovelhas Norfolk e Southdown.

Caraterísticas da raça :

Origem: Inglaterra.

Morfologia: Raça grande. Corpo comprido, forte e cilíndrico. Pescoço médio, ombros largos e compactos, dorso plano e comprido, costelas arredondadas, peito profundo e cauda bastante alta.

Pernas corretas, bem afastadas, com pêlos pretos nas extremidades.

Quadro 18: Altura e peso da raça Suffolk (www.la-viande.fr).

	Altura (cm)	Peso (kg)
Áries	/	90 à 150
Ovelhas	/	70 à 90

Cabeça: direita, ligeiramente convexa. Pelo preto; orelhas longas e horizontais na fêmea e descaídas no macho. Cabeça desprovida de lã e coberta de pêlos finos e brilhantes.

Chifres: sem chifres.

Pelagem: a pele é preta e a lã é branca, não cobrindo nem a cabeça, nem as orelhas, nem a metade inferior dos membros (semi-invasiva); o peso de uma tosquia permanece baixo.

Aptidão: raça de carne. A raça é rústica, precoce e prolífica (prolificidade: 130 - 180%), com boa produção de leite (Babo, 2000; Gillespie, 2009; Jussiau, 2013; Vaissaire, 2014; Wikipedia, 2022).

Figura 21: A raça Suffolk (www.la-viande.fr).

IV.6. A raça South Down :

O Southdown é uma raça de ovinos originária do sul de Inglaterra. É utilizada como raça pura ou para melhorar as raças francesas através de cruzamentos.

Caraterísticas da raça :

Origem: Inglaterra.

Morfologia: Relativamente grande (hipermétrico). Pescoço curto, dorso largo, conformação carniceira notável. Pernas bem torneadas.

Quadro 19: Altura e peso da raça South Down (www.la-viande.fr).

	Altura (cm)	Peso (kg)
Áries	/	90 - 120
Ovelhas	/	60 - 80

Cabeça: concavilínea. Cabeça larga, focinho curto, rosto castanho-acinzentado, nariz por vezes enegrecido e mucosa nasal preta; orelhas pequenas, muito finas e erectas.

Chifres: sem chifres.

Velo: branco, muito espesso (testa e bochechas cheias); o velo de um carneiro pesa entre 5 e 4,5 kg e o de uma ovelha entre 2 e 2,5 kg.

Aptidão: esta raça é conhecida pela muito boa conformação dos seus borregos (quartos traseiros muito grandes, pernas bem arredondadas; taxa de prolificidade de 170%) (Babo, 2000; Gillespie, 2009; Jussiau, 2013; Vaissaire, 2014; Wikipedia, 2022).

Figura 22: A raça South Down (www.la-viande.fr).

IV.7. A raça Bukhara Romanov :

Raça russa de ovinos. Trata-se de uma ovelha preta com lã mais ou menos cinzenta. É uma das raças de ovelhas de cauda curta do Norte da Europa.

Caraterísticas da raça :

Origem: Rússia.

Morfologia: Raça de tamanho médio. Corpo e pernas compridos. As costelas são bem arredondadas e o animal parece um pouco alto.

Quadro 20: Altura e peso da raça South Down (www.la-viande.fr).

	Altura (cm)	Peso (kg)
Áries	/	70 - 90
Ovelhas	/	60 - 70

Cabeça: perfil de contraventamento. Cabeça pequena, angulosa, de pele preta, com manchas brancas na testa e no focinho, orelhas erectas. Os olhos são grandes.

Chifres: Não há chifres.

Velo: preto à nascença, depois torna-se cinzento-azulado (semi a não invasivo).

Aptidão: Precocidade sexual. Prolificidade: 260-320%. Atividade sexual durante todo o ano. Muito bons lacticínios (Babo, 2000; Gillespie, 2009; Jussiau, 2013; Vaissaire, 2014; Wikipedia, 2022).

Figura 23: A raça South Down (www.la-viande.fr).

IV.8. A raça Merino (Mérinos de Rambouillet):

Os merinos são uma raça de ovinos originária de Espanha, criados principalmente pela sua lã. O termo merino é também utilizado para designar a lã muito fina e confortável produzida a partir do velo denso e encaracolado destas ovelhas. Esta lã, produzida principalmente na Austrália, é utilizada na produção de lãs de alta qualidade.

Caraterísticas da raça :

Origem: Espanha.

Morfologia: média (eumétrica). Corpo cilíndrico, com peito largo e dorso horizontal. O pescoço é curto, com barbela ligeiramente desenvolvida. Garrote largo. Cauda longa e fina. As

pernas são robustas e as patas são bastante grossas, bem afastadas e aprumadas. A perna é
bastante grossa; esqueleto forte.

Quadro 21: Tamanho e peso da raça Merino (Mérinos de Rambouillet) (www.la-viande.fr).

	Altura (cm)	Peso (kg)
Áries	/	70 - 90
Ovelhas	/	60 - 70

Cabeça: Perfil reto, ligeiramente arqueado. A cabeça é fina e curta; as orelhas são curtas e
horizontais. O nariz é encimado por várias pregas.

Chifres: apenas o macho tem chifres regularmente espiralados.

Velo: O velo é muito invasivo e muito apertado, com fechos quadrados. A lã é branca, extrafina
(15-22 microns) e muito ondulada (comprimento: 6-7 cm). Peso do velo: 10% do peso vivo
(Belier: 5-8 kg).

Aptidão: grandes qualidades de lã. A sua lã branca é abundante, fina, elástica e resistente. É
também uma raça rústica que se adapta facilmente a todos os climas e aceita todas as dietas;
crescimento fraco, conformação talhante medíocre; baixa prolificidade (130%) (Babo, 2000;
Gillespie, 2009; Jussiau, 2013; Vaissaire, 2014; Wikipedia, 2022).

Figura 24: A raça Merino (Mérinos de Rambouillet) (www.la-viande.fr).

V. Raças ovinas argelinas

Existem nada menos que 900 raças de ovinos no mundo. Cada raça tem as suas caraterísticas externas e os seus próprios traços de carácter. Os ovinos argelinos são extremamente diversificados. A classificação baseia-se na existência de três raças principais (Ouled Djellal, Hamra e a raça Rumbi) e de raças secundárias.

V.1 As principais raças de ovinos :

V.1.1. A raça Ouled Djellal (a raça árabe branca) :

Trata-se da verdadeira ovelha das estepes, mais adaptada à vida nómada. A raça Ouled Djellal encontra-se no centro e no leste da Argélia, numa vasta zona que se estende de Oued Touil (Laghouat/Ksar Chellala) até à fronteira tunisina. É a melhor raça de carne da Argélia e tende atualmente a substituir certas raças no seu próprio berço, como a raça El Hamra.

Caraterísticas da raça :

Berço da raça: Argélia central e oriental, uma vasta zona que se estende de Oued Touil (Laghouat/Ksar Chellala) até à fronteira tunisina.

Morfologia: Bem proporcionado, cintura alta, peito ligeiramente estreito, costelas e pernas planas e pernas longas, fortes e andantes. A cauda é fina e de comprimento médio.

Cabeça: branca, com orelhas pendentes de tamanho médio, colocadas no alto da cabeça. Apresenta uma ligeira depressão na base do nariz.

Chifres: em forma de espiral, de comprimento médio nos carneiros e ausentes nas ovelhas.

Cor: Branco em toda a sua extensão. No entanto, algumas "ovelhas safra" têm uma cor palha clara.

Lã: A lã é fina e cobre todo o corpo até aos joelhos e jarretes nas variedades Hodna e Chellala, ao passo que a barriga e a parte inferior do pescoço estão nuas na maioria das ovelhas Ouled-Djellal. Esta raça teme o frio extremo (Boushaba, 2007; Lakhdari, 2015; Kebbab, 2018).

Figura 25: A raça Ouled - Djellal (www.algerlablanche.com).

A raça Ouled Djellal é constituída por três variedades:

Variedade Ouled Djellal ou Djellalia: Esta variedade representa 16% da raça Ouled Djellal. Encontra-se na região de Zibans (Biskra e Touggourt).

É uma ovelha comprida e pernalta, adaptada à vida nómada. O esqueleto é muito fino, a perna é comprida e achatada e a carne tem um ligeiro sabor a escorrer.

A lã é branca, fina e com aspeto de alho, o ventre e a parte inferior do pescoço são nus, os cornos são de tamanho médio, em forma de espiral e podem estar presentes nas ovelhas.

Esta variedade utiliza muito bem as pastagens. É a ovelha das tribos nómadas do sopé sul do Atlas do Sara (Boushaba, 2007; Lakhdari, 2015).

Quadro 22: Tamanho e peso da variedade Djellalia (Lakhdari, 2015; Kebbab, 2018).

	Altura (cm)	Peso (kg)
Áries	80	68
Ovelhas	70	48

Figura 26: Variedade Djellalia (www.algerlablanche.com).

A variedade Ouled Naïl:

Conhecida vulgarmente como Hodnia, representa 70% da população de Ouled Djellal e é o tipo mais pesado. Encontra-se nas regiões de Hodna, Sidi Aissa, M'sila, Barika e Sétif. A ovelha é bem proporcionada e alta. A sua cor é palha clara ou branca. A lã cobre todo o corpo até ao jarrete (Boushaba, 2007; Lakhdari, 2015; Kebbab, 2018).

Quadro 23: Tamanho e peso da variedade Hodnia ou Ouled Naïl (Lakhdari, 2015).

	Altura (cm)	Peso (kg)
Áries	82	82
Ovelhas	74	57

Figura 27: A variedade Hodnia ou Ouled Naïl (www.algerlablanche.com).

Variedade Chellala ou Chellalia: também conhecida como raça Taadmit. Encontra-se na região de Laghouat, Chellala, Taguine (Oued Touil) e Bokhari. Esta variedade representa 5 a 10% da população de Ouled Djellal.

Esta variedade é a mais pequena em tamanho e tem uma lã muito fina. Os carneiros deste tipo são considerados menos combativos do que os da variedade Ouled Djellal e são muitas vezes destituídos de chifres (Boushaba, 2007; Lakhdari, 2015; Kebbab, 2018).

Quadro 24: Tamanho e peso da variedade Chellala ou Chellalia (Lakhdari, 2015).

	Altura (cm)	**Peso (kg)**
Áries	75	73
Ovelhas	70	47

Figura 28: Variedade Chellala ou Chellalia (www.algerlablanche.com).

V.1.2. A raça Hamra ou Beni Ighil :

É a segunda raça mais importante da Argélia (representa 22% do efetivo ovino argelino). É uma raça berbere originária das planícies altas do oeste (Saïda, Mécheria, Ain-Safra e El Aricha na Wilaya de Tlemecen). É a melhor raça de carne (ameaçada de extinção).

Caraterísticas da raça :

Berço da raça: Na Argélia: do Chott Chergui até à fronteira marroquina. Em Marrocos: o Alto Atlas Oriental marroquino.

Morfologia: reduzida (elipométrica). Corpo pequeno mas curto, atarracado e largo, perna curta e redonda, esqueleto fino. As orelhas são de tamanho médio e caídas e a cauda é fina e de comprimento médio.

Cabeça: perfil convexo, com uma chanfradura convexa.

Chifres: De tamanho médio e em forma de espiral.

Cor: a pele é castanha, as mucosas são pretas, a cabeça e as patas são castanhas, vermelho mogno escuro, quase preto. O velo é branco e mosqueado de castanho-avermelhado.

Qualidade: A qualidade da sua carne é excelente e é considerada uma das melhores raças de carne da Argélia devido aos seus ossos finos e linhas redondas (Boushaba, 2007; Lakhdari, 2015; Kebbab, 2018).

Quadro 25: Tamanho e peso da raça ovina Hamra (Lakhdari, 2015).

	Altura (cm)	**Peso (kg)**
Áries	76	71
Ovelhas	67	40

Figura 29: Ovelhas da raça Hamra (www.algerlablanche.com).

V.1.3. A raça Rumbi :

A raça Rembi tem as mesmas caraterísticas que a raça Ouled-Djellal, com exceção da cor dos membros e da cabeça, que é fulva. Representa 11% do efetivo nacional.

Caraterísticas da raça :

Berço da raça: O berço da raça estende-se de Oued Touil, a leste, a Chott Chergui, a oeste.

Morfologia: Boa conformação. É uma raça particularmente rústica e produtiva, com um esqueleto maciço, patas muito robustas, semelhantes às do muflão, e cascos muito duros. A cauda é fina e de comprimento médio.

Cabeça: Perfil de contraventamento. Cabeça castanho-avermelhada. Orelhas de comprimento médio e flexíveis.

Chifres: espirais e maciços.

Cor: camurça. A lã cobre todo o corpo até aos joelhos e jarretes.

Qualidade: raça rústica e altamente produtiva. É utilizada para a produção de carne (Boushaba, 2007; Lakhdari, 2015; Kebbab, 2018).

Quadro 26: Tamanho e peso da raça Rumbi (Lakhdari, 2015).

	Altura (cm)	Peso (kg)
Áries	77	80
Ovelhas	71	62

Figura 30: A raça Rumbi (www.algerlablanche.com).

V.2 Raças secundárias de ovinos :

V.2.1. Raça de homem ou raça de homem :

Representa 0,19% do efetivo ovino nacional. É um animal de palmeiras muito resistente, que tolera muito bem as condições do Sara, e é frequentemente designado como a raça Tafilalet.

Caraterísticas da raça :

Berço da raça: Oásis do sudoeste da Argélia (Gourara, Touat, Tidikelt).

Morfologia: tamanho pequeno. Esqueleto muito fino, alto nas pernas, ventre bem desenvolvido e elevada prolificidade. O pescoço é longo, fino e pendular nas ovelhas, raramente nos carneiros. A cauda é fina e comprida com as pontas brancas.

Quadro 27: Tamanho e peso da raça Man ou Men (Lakhdari, 2015).

	Altura (cm)	Peso (kg)
Áries	75	46
Ovelhas	60	37

Cabeça: o perfil é arredondado. Esta raça caracteriza-se igualmente por uma cabeça fina e orelhas grandes e pendentes.

Chifres: Nem as ovelhas nem os carneiros têm chifres. A ausência de cornos nos machos distingue a raça D'man das outras raças do Norte de África.

Cor: Pigmentação variável, a cabeça e o velo podem ser inteiramente pretos, castanhos ou brancos, ou uma justaposição de 2 ou 3 cores.

Velo: pequeno e preto ou castanho escuro. O ventre, o peito e as patas não têm lã; por vezes, o velo cobre apenas o dorso.

Qualidade: resistente, adaptada às condições do Sara, muito prolífica. A carne é medíocre (dura e difícil de mastigar) (Boushaba, 2007; Lakhdari, 2015; Kebbab, 2018).

Figura 31: A raça Homem ou Homens (www.algerlablanche.com).

V.2.2. A raça Barbarina :

Representa 0,27% do efetivo nacional. A raça é aparentada com o barbary do Médio Oriente e o barbary asiático. A reserva de gordura na cauda e os seus cascos grandes fazem dela uma raça adaptada às condições do Erg Oriental, o seu principal habitat.

Caraterísticas da raça :

Berço da raça: a ovelha de cauda gorda de Oued Souf encontra-se no Erg Oriental (Oued Souf) até à fronteira tunisina.

Morfologia: Boa conformação, corpo compacto, pescoço curto, pernas curtas, peito largo e profundo. Cauda grande 1 a 2 kg, após engorda 3 a 4 kg. Os seus cascos grandes fazem dele um excelente andarilho nas dunas do Sara (Souf).

Quadro 28: Tamanho e peso da raça Barbary (Lakhdari, 2015).

	Altura (cm)	Peso (kg)
Áries	70	45
Ovelhas	64	37

Cabeça: perfil arredondado. Orelhas médias, pendentes.

Chifres: Desenvolvidos nos machos, ausentes nas fêmeas.

Cor: o corpo é branco, exceto a cabeça e as patas, que podem ser castanhas ou pretas.

Qualidade: A qualidade da carne é boa, mas não é apreciada na Argélia devido à sua cauda grande e ao seu cheiro (Boushaba, 2007; Lakhdari, 2015; Kebbab, 2018).

Figura 32: A raça bárbara (www.algerlablanche.com).

V.2.3. A raça berbere :

[ème]É a segunda raça mais importante, representando 25% do efetivo ovino nacional. A raça berbere, considerada a raça argelina mais antiga, é tradicionalmente criada nos maciços montanhosos do norte da Argélia.

Caraterísticas da raça :

Berço da raça: É uma raça originária dos Montes Tell (Atlas Telliano no Norte de África).

42

Morfologia: De tamanho pequeno. Corpo pequeno mas curto, atarracado e largo, perna curta e redonda, esqueleto fino. Cauda fina, de comprimento médio.

Quadro 29: Tamanho e peso da raça berbere (Lakhdari, 2015).

	Altura (cm)	Peso (kg)
Áries	65	45
Ovelhas	60	35

Cabeça: Convexa, arqueada. Orelhas de tamanho médio e pendentes.

Chifres: em espiral, médios.

Cor: a pele é castanha, as mucosas são pretas, a cabeça e as patas são castanhas, vermelho-escuras, quase pretas. A lã é branca, com um penacho castanho-avermelhado.

Velo: Lã branca, fina e brilhante, conhecida como Azoulai, com alguns exemplares manchados de preto.

Qualidade: A carne é de qualidade média (ligeiramente dura). As pernas são longas e achatadas, com pouco desenvolvimento. É um animal muito resistente, que tolera o frio extremo das montanhas e aproveita bem as pastagens de montanha (Boushaba, 2007; Lakhdari, 2015; Kebbab, 2018).

Figura 33: A raça berbere (www.algerlablanche.com).

V.2.4. A raça Sidahou ou Targuia :

O Sidahou, também conhecido como Targui, é uma raça originária do Mali, cultivada principalmente pelos Tuaregues, mas que também se encontra no Sara. Representa cerca de 0,13% dos ovinos argelinos. É a única raça argelina sem lã, mas com um corpo coberto de pelo semelhante ao de uma cabra. Esta raça é resistente ao clima do Sara e às longas caminhadas, sendo a única raça que pode viver nas extensas pastagens do Sara.

Caraterísticas da raça :

Berço da raça: Esta raça encontra-se no grande Sara argelino, desde Bechar, passando por Adrar, até Janet.

Morfologia: O peito é estreito e as patas são longas e altas, o que lhe permite caminhar longas distâncias (até 1.000 quilómetros). A cauda é delgada, muito comprida, quase ao nível do solo, com a ponta branca.

Quadro 30: Tamanho e peso da raça Sidahou ou Targuia (Lakhdari, 2015).

	Altura (cm)	Peso (kg)
Áries	77	41
Ovelhas	76	37

Cabeça: O dorso do nariz é muito curvo, as orelhas são grandes e pendentes.
Chifres: ausentes ou pequenos e curvados nos machos.

Cor: A cor do cabelo é preta ou palha ou mista.

Velo: É a única raça argelina sem lã, mas com o corpo coberto de pelo. A Targuia assemelha-se a uma cabra, com exceção da cauda longa e do balido semelhante ao das ovelhas.

Qualidade: A carne de Targuia é inferior à média e difícil de mastigar. A perna e a pá curtas e achatadas não são fornecidas com carne (Boushaba, 2007; Lakhdari, 2015; Kebbab, 2018).

Figura 34: A raça Sidahou ou Targuia (www.algerlablanche.com).

VI. Raças estrangeiras de caprinos

VI.1 A raça alpina :

A cabra alpina é originária dos Alpes de França e da Suíça. Trata-se de uma cabra de tamanho médio, com uma pelagem de cor lustrosa, que é a mais difundida. Esta raça é uma excelente produtora de leite.

Caraterísticas da raça :

Cabeça: Perfil côncavo. A cabeça é triangular. Testa e focinho largos, com ou sem borlas (protuberâncias de pele atrás da garganta) e com barbicha. Os olhos são salientes e as orelhas são erectas para a frente, num cone bastante firme.

Morfologia: Raça de tamanho médio (eumétrico), pescoço livre, linha superior reta, garupa larga e ligeiramente inclinada, peito profundo e bacia larga. Os membros são sólidos.

Tabela 31: Altura e peso da raça Alpina (www.wikipedia.org).

	Altura (cm)	Peso (kg)
Masculino	90 - 100	80 - 100
Feminino	50 - 80	50 - 70

Com chifres: com ou sem chifres.

Pelagem: A pelagem apresenta-se em vários padrões de cor: fulvo (buff) ou castanho (pain brulé) são os mais comuns, com patas e risca dorsal pretas.

Úbere: volumoso, com pele fina e flexível, bem aderente à frente e atrás. Retrai-se bem após a ordenha. As tetas estão bem separadas do úbere e apontam para a frente, o que torna a Alpine perfeitamente adaptada à ordenha mecânica.

Aptidões: A cabra alpina é uma excelente produtora de leite. A produção média é de 790 kg por lactação de 272 dias, com uma TB média de 37‰ e uma TP de 32,5‰. As fêmeas são muito precoces e férteis (Fournier, 2006; Vaissaire, 2014; Wikipedia, 2022).

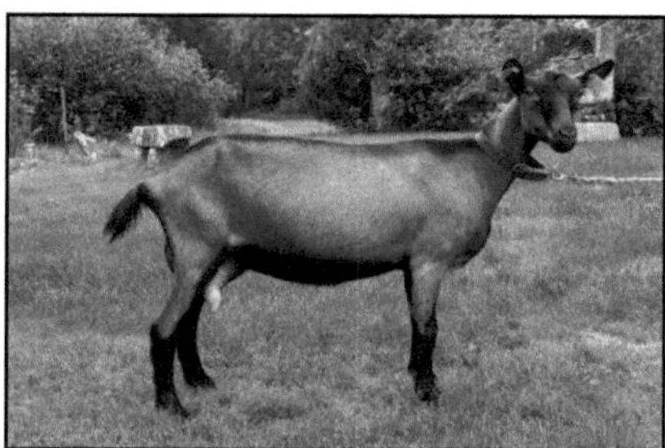

Figura 35: A cabra alpina (www.wikipedia.org).

VI.2 A raça Saanen :

O Saanen ou Blanche de Gessenay é uma raça caprina originária das regiões Sannenland e Obersimmental da Suíça. As únicas cores de pelagem aceites são o branco e o creme. É uma forte produtora de leite.

Caraterísticas da raça :

Cabeça: perfil quase reto a subcôncavo. Testa e focinho largos, com ou sem borlas, por vezes com barbicha. Orelhas na horizontal.

Morfologia: É uma raça de grande porte. O corpo é profundo, grosso e bem desossado, o peito é profundo, largo e comprido (grande capacidade torácica). Pernas fortes e direitas.

Quadro 32: Altura e peso da raça Saanen (www.wikipedia.org).

	Altura (cm)	Peso (kg)
Masculino	90 - 100	90 - 120
Feminino	70 - 80	70 - 80

Com chifres: com ou sem chifres.

Pelo: curto, denso e sedoso. Uniformemente branco.

Úbere: globular, muito largo na parte superior, o que lhe confere mais largura do que profundidade.

Aptidões: excelente produtora de leite no mundo, 800 a 1000 kg em lactação de 270 a 300 dias cuja média de TB é 35‰ e TP é 31‰. As fêmeas dão excelentes cabritos cuja carne é muito apreciável (Fournier, 2006; Vaissaire, 2014; Wikipedia, 2022).

Figura 36: Cabra de Saanen (www.wikipedia.org).

VI.3. A raça Poitevin :

Raça caprina de tamanho médio originária do centro-oeste da França (Poitou).

Caraterísticas da raça :

Cabeça: perfil reto. A cabeça é preta e triangular, com duas pequenas manchas brancas que, por vezes, se estendem a riscas brancas muito pronunciadas de cada lado do dorso do nariz, a testa e o coque são bastante rectos.

Morfologia: O corpo é volumoso, com um dorso longo e reto e um peito profundo. Pescoço longo e flexível, porte de cabeça orgulhoso. Ossatura forte.

Quadro 33: Tamanho e peso da raça Poitevina.

	Altura (cm)	Peso (kg)
Masculino	60 - 80	55 - 75
Feminino	60 - 70	40 - 65

Com chifres: com ou sem chifres.

Pelagem: geralmente castanha, variando de tons escuros a pretos. O branco encontra-se no ventre, na parte interna das patas e na parte inferior da cauda.

Úbere: O úbere é alongado e regular, com pele macia. A cabra de Poitevin pode ter barbicha e borlas, mas não é o caso de todos os animais.

Aptidões: rústica, boa leiteira: lactação: 500 - 1000 kg (Fournier, 2006; Vaissaire, 2014; Wikipedia, 2022).

Figura 37: A cabra de Poitevin (www.wikipedia.org).

VI.4. A raça Murciano-Granadina :

A Murciano-Granadina é uma raça espanhola de cabras leiteiras. Foi criada em 1975 através do cruzamento de duas raças, a Murciana de Murcia, de cor mogno, e a Granadina de Granada, de cor preta. A raça Murciana de Murcia é importada para a Argélia desde a época colonial.

Caraterísticas da raça :

Cabeça: Perfil côncavo. A cabeça é fina e as orelhas são portadas horizontalmente.

Morfologia: Raça de tamanho médio. O pescoço é comprido, o corpo é longo e arredondado e a cauda é erecta. O pescoço é esguio, o corpo alongado, o peito largo e o abdómen volumoso, o sacro convexo. A cauda é curta e reta. As patas são de altura média, fortes e ligeiramente torcidas, pois cobrem o úbere volumoso.

Quadro 34: Tamanho e peso da raça Murciano-Granadina (www.wikipedia.org).

	Altura (cm)	Peso (kg)

| Masculino | 70 | 50 - 60 |
| Feminino | 77 | 30 - 50 |

Com cornos: sem cornos (raro).

Pelagem: Cor sólida, geralmente mogno, por vezes preta. O pelo é curto e áspero, embora seja mais comprido nos machos do que nas fêmeas.

Úbere: As tetas do úbere estão viradas para a frente e para fora, a pele é fina e sem pelo.

Aptidões: cabra rústica com boas qualidades leiteiras. Produção de leite de cerca de 500 litros numa lactação de 210 dias em média (TB média de 56‰ e TP de 36 ‰). Em Espanha, o seu leite é utilizado principalmente para a produção de queijo. Também são utilizadas para a carne, nomeadamente devido ao seu crescimento rápido. Estas cabras são dessazonalizadas com uma prolificidade de cerca de 200% (Fournier, 2006; Vaissaire, 2014; Wikipedia, 2022).

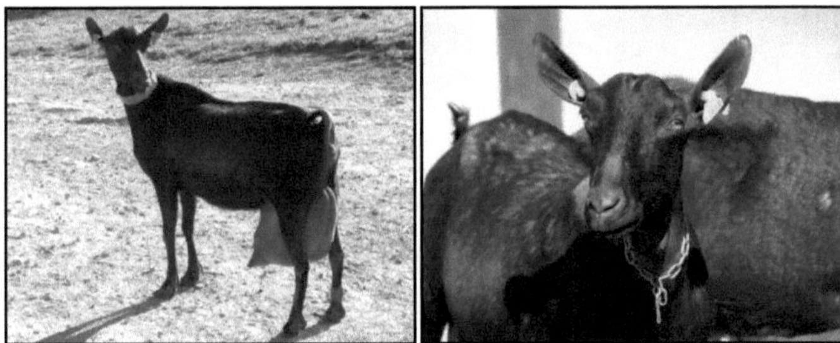

Figura 38: A cabra Murciano-Granadina (www.wikipedia.org).

VI.5. A raça Angorá :

A cabra angorá, também conhecida como cabra tibetana, é uma raça de cabra originária dos Himalaias (Caxemira e Tibete), tendo sido posteriormente introduzida na Turquia e na Ásia Menor.

Caraterísticas da raça :

Cabeça: perfil reto. A cabeça é fina. Orelhas pendentes e portadas para a frente.
Morfologia: formato reduzido.

Tabela 35: Altura e peso da raça Angorá (www.wikipedia.org).

	Altura (cm)	Peso (kg)
Masculino	60 - 80	40 - 70
Feminino	60	30 - 50

Chifre: presença de chifres nos machos

Pelagem: Pelo branco, longo, fino e sedoso, utilizado para fabricar uma lã para tricotar chamada "mahair". Comprimento: 8-12cm, finura: 26-30 microns. Sem frascos. A lã é branca, o velo é encaracolado ou frisado.

Aptidões: É rústico, com um bom rendimento em lã (5 kg de mohair/ano/sangue). Produz pouca carne e sobretudo pouco leite (Fournier, 2006; Vaissaire, 2014; Wikipedia, 2022).

Figura 39: Cabras angorá (www.wikipedia.org).

VII. Raças de caprinos argelinos

A espécie *Capra hircus* encontra-se na Argélia sob a forma de um mosaico de populações muito variadas, todas pertencentes a populações tradicionais. Para além destas populações locais, que têm geralmente sangue núbio, inclui animais com sangue misto provenientes de raças normalizadas.

O efetivo caprino argelino é constituído por quatro tipos principais: **a raça Arbia**, presente principalmente na região de **Laghouat**; a raça **Kabyle**, presente nas **montanhas de Kabylie e Aurès**; a raça **Makatia**, presente nos **planaltos** e em certas **zonas do norte**; e, por último, a raça **M'Zabia**, presente na parte **norte do Sara**.

VII.1 A população local :

VII.1.1. A cabra árabe (ARABIA ou ARBIA) :

Esta é a população mais dominante, relacionada com a raça núbia, e encontra-se principalmente nas zonas de planalto, estepe e semi-estepe.

Caraterísticas da raça :

Morfologia: formato reduzido (elipométrico).

Quadro 36: Tamanho e peso da raça Arbia (Laouadi, 2020).

	Altura (cm)	Peso (kg)
Masculino	70 - 74	50 - 60
Feminino	50 - 64	32 - 35

Cabeça: Perfil reto. Trufa geralmente direita (ligeiramente convexa nalguns indivíduos). Orelhas longas, largas e pendentes.

Chifres: geralmente não têm chifres, mas quando existem (especialmente nos machos), são moderadamente longos e apontam para trás.

Pelagem: policromada (multicolorida): preta, cinzenta e castanha, com pelo comprido (10-17 cm). Muitas vezes preto com patas brancas. A cabeça é de cor sólida ou tem duas marcas brancas de cada lado.

Aptidão: A cabra árabe tem uma produção de leite medíocre (média de 0,25 a 0,75 litros por dia). É criada para a carne dos cabritos mas também para o leite (Boubekeur, 2010; Laouadi, 2020, Nessah, 2020, Wikipedia, 2022).

Figura 40: A cabra Arbia (Laouadi, 2020).

Temos dois tipos: os sedentários e os transumantes.

a. Tipo sedentário :

Morfologia: A altura média é de 70cm para o macho e de 63cm para a fêmea, com pesos respectivos de 50kg e 35kg. O corpo é alongado, com a linha superior reta e o focinho reto. As orelhas são bastante compridas (17 cm).

Com chifres**:** chifres de comprimento médio apontando para trás.

Pelagem: A pelagem é comprida, de 10 a 17 cm, e policromada de branco, preto e castanho. A cabeça é de cor sólida ou com marcas.

Aptidão: a produção de leite é de 0,5 litros por dia (Boubekeur, 2010; Laouadi, 2020, Nessah, 2020, Wikipedia, 2022).

b.Tipo transumante :

Morfologia: a altura média é de 74 cm para os machos e 64 cm para as fêmeas, com pesos respectivos de 60 kg e 32 kg. O corpo é alongado, reto na parte superior, mas convexo em alguns indivíduos. As orelhas são muito grandes.

Chifres: A cabeça tem chifres bastante longos apontando para trás (especialmente nos machos).
Pelagem: Pelo comprido com 14 a 21 cm de comprimento, predominantemente preto-pardacento.

Aptidão: a produção de leite é de 0,25-0,75 litros por dia (Boubekeur, 2010; Laouadi, 2020, Nessah, 2020, Wikipedia, 2022).

VII.1.2. A cabra MAKATIA :

É originária de Ouled Nail. Encontra-se na região de Laghouat. É, sem dúvida, o resultado de um cruzamento entre a ARABIA e a CHERKIA, e é geralmente criada em associação com a cabra sedentária ARABIA.

Caraterísticas da raça :

Morfologia: De tamanho médio. O corpo é alongado e a linha superior é reta.

Cabeça: perfil convexo. Cabeça forte nos machos e nas fêmeas. Barbicha e dois pendentes (menos frequentes). Orelhas longas (16 cm) e descaídas.

Quadro 37: Tamanho e peso da raça Makatia (Laouadi, 2020).

	Altura (cm)	Peso (kg)
Masculino	72	60
Feminino	63	40

Horning: chifres virados para trás.

Pelagem: variada, cinzenta, bege, branca e castanha, com pelo curto e fino, de 3 a 5 cm de comprimento.

Úbere: O úbere é bem equilibrado, quadrado, alto e bem ligado, e 60% das fêmeas têm tetas grandes.

Capacidade: a produção de leite é de 1 a 2 litros por dia (Boubekeur, 2010; Laouadi, 2020, Nessah, 2020, Wikipedia, 2022).

Figura 41: A cabra Makatia (Itelv, 2015).

VII.1.3. A cabra Kabyle (Naine de Kabylie) :

Trata-se de um caprino autóctone que habita as cadeias montanhosas da Cabília e do Aurès.

Caraterísticas da raça :

Morfologia: tamanho reduzido (elipométrico). Corpo robusto, maciço e alongado, com linha superior reta.

Cabeça: A cabeça é fina. As orelhas são pequenas e pontiagudas nos cães de pelagem branca e de comprimento médio nos cães de pelagem bege.

Quadro 38: Tamanho e peso da raça Naine de Kabylie (Nessah, 2020).

	Altura (cm)	Peso (kg)
Masculino	66	60

Feminino	55	47

Horning: chifres virados para trás.

Pelagem: A pelagem é policromada, sendo as cores dominantes o bege, o vermelho, o branco, o vermelho-pardacento, o preto-pardacento e o preto. A pelagem pode ser longa (3-9 cm em 46% dos casos) ou curta (menos de 3 cm em 54% dos casos).

Aptidão: A sua produção leiteira é fraca, mas é geralmente criada para a produção de carne, que é de qualidade apreciável (Boubekeur, 2010; Laouadi, 2020, Nessah, 2020, Wikipedia, 2022).

Figura 42: A cabra Naine de Kabylie (Itelv, 2015).

VII.1.4. A cabra M'ZABIT :

Também conhecido como "o bode vermelho dos oásis". É originária de Metlili ou Berriane.
Caraterísticas da raça :

Morfologia: tamanho reduzido (elipométrico). Corpo alongado, reto e retilíneo.

Cabeça: perfil convexo. Cabeça fina. As orelhas são longas e pendentes (15 cm).

Tabela 39: Tamanho e peso da raça moçabita (Itelv, 2015).

	Altura (cm)	Peso (kg)
Masculino	68	50
Feminino	65	35

Chifre: chifres recuados quando presentes.

Pelagem: A pelagem é de três cores: o louro, que predomina, o castanho e o preto. O pelo é curto (3-7 cm) na maioria dos indivíduos.

Aptidão: esta raça é muito interessante em termos de produção de leite (2,56 kg/d) (Boubekeur, 2010; Laouadi, 2020, Nessah, 2020, Wikipedia, 2022).

Figura 43: A cabra moçabita (Itelv, 2015).

VII.2 A população cruzada :

Constituído por indivíduos provenientes de cruzamentos controlados ou não controlados de raças locais com raças importadas (maltês, damasquino, murciana, toggenburg, alpino e saanen). O objetivo destes cruzamentos varia de região para região e de criador para criador (Boubekeur, 2010; Laouadi, 2020, Nessah, 2020, Wikipedia, 2022).

VII.3. Raças melhoradas :

Estas raças foram introduzidas na Argélia desde o período colonial, no âmbito de uma estratégia de melhoramento genético do efetivo caprino: maltesa, murciana, toggenburg e, mais recentemente, alpina e saanen (Boubekeur, 2010; Laouadi, 2020, Nessah, 2020, Wikipedia, 2022).

- As cabras maltesas e murcianas foram introduzidas em Oran e no litoral durante a colonização.

- O maltês encontra-se nas zonas costeiras de Annaba, Skikda, Argel e nos oásis.

Lista de referências

AMADOU TCHOUSSOU ISSAKA. Avaliação dos parâmetros bioquímicos séricos em vacas de raça local. Tese de mestrado, Universidade 8 de maio de 1945 Guelma, 77 páginas.

BABO DANIEL. Races Bovines Françaises - Editions France Agricole, 1ª edição 1998.

BABO DANIEL. Races Ovines et Caprines Françaises - Editions France Agricole, 2000.

BAKER FIONA. Running A Small Beef Herd - Landlinks Press, Terceira Edição, 162 páginas, 2008.

BLANCHIN JEAN YVES. Le logement du mouton, élevages allaitants - Institut d'élevage, éditions France Agricole, 2005.

BOUBEKEUR ABDERRAHMANE 2010. Essai d'établissement de typologies d'exploitations d'élevages laitiers dans le contexte du Sud Algérien. 2010.

BOUSHABA NADJAT. Contribution à la caractérisation des races ovines algériennes, marocaines et françaises par l'utilisation des microsatellites OarFCB128 et l'étude des leurs relations phéylogénétiques. Tese de mestrado, Universidade de Oran ES Senia, 2007, 119 páginas.

DE WECKHERLIN D'AUGUSTE. Zootecnia Geral dos Animais Domésticos - Libraire Victor Masson, 1857.

DERVILLE Marie, PATIN STEPHANE, AVON LAURENT - Races Bovines De France - Edição France Agricole, 269 páginas, 2009.

DIRAND ANDRE. L'élevage du mouton - éditions Educagri, 2007.

FAUVE JEAN MICHEL, LE NEINDRE PIERRE. Ethologie appliquée - Editions Quae, páginas 56-66, 2009.

FELIACHI. Relatório nacional sobre os recursos genéticos animais: algérie commission nationale angr, **2003**.

FOURNIER ALAIN. L'élevage des chèvres - ARTEMIS éditions, 2006.

FOURNIER ALAIN. L'élevage des moutons - ARTEMIS éditions, 2006.

GILLESPIE De JAMES R., FLANDERS FRANK. [th]Modern Livestock & Poultry Production - 8 edição, DELMAR CENGAGE Learning, Copyright 2009.

Instituto Técnico de Elevação (ITELV). Guide d'élevage des caprin. Baba Ali, 2015.

JUSSIAU R., PAPET A., RIGAL J., ZANCHI E. Amélioration Génétique Des Animaux D'élevage (Génome, Caractères, Sélection Et Croisements) - Educagri Editions, Dijon, 2013.

LAKHDARI FATTOUM. Guide de caractérisation phenotypique des races ovines de l'Algérie - Edition CRSTRA, 2015.

LAOUADI MOURAD. Caraterização e Gestão dos Principais Recursos Genéticos Caprinos Locais na Algéria: Caso da Região de Laghouat. Tese de doutoramento, ENSV ? 250 páginas. 2020

MERCIER EMMANUEL. Desenhos de raças de gado, Larousse Archives 2022 - www.larousse.fr .

NESSAH KAHINA. Caracterização zootécnica e genética da raça caprina "naine kabyle" em Tizi Ouzou. Tese de doutoramento, ENSV, Argel. 2020.

PETTER F. Origine, modalités et conséquences de la domestication - Bull. Acad. Vet. De France, 423-427, 1987.

VAISSAIRE Jean-Pierre. Mémento De Zootechnie - Editions France Agricole, 252 páginas, 2014.

Yahimi ABDELKRIM. Algumas caraterísticas morfométricas e reprodutivas dos touros da raça castanha do Atlas na Argélia. Revue d'élevage et de médecine vétérinaire des pays tropicaux, 74(2), p. 127-134, 2021.

WEBSITES :

Raças de ovinos argelinas: http://www.algerlablanche.com/index.php?post/Races-ovines-d-Alg%C3%A9rie

KEBBAB SALIM. Raças ovinas argelinas: um património genuíno: https://www.elwatan.com/edition/contributions/les-races-ovines-algeriennes-un-veritable-patrimoine-31-08-2018

Lista e classificação das raças de ovinos em França: https://www.doc-developpement-durable.org/file/Elevages/Moutons-Ovins/races/Liste%20et%20classification%20des%20races%20ovines%20de%20France_Wikipedia-Fr.pdf

MEYER ed. Dicionário de Ciências Animais. [Em linha]. Montpellier, França, CIRAD. [19/05/2022]. URL: http://dico-sciences-animales.cirad.fr/ $\geq$ 2022

I want morebooks!

Buy your books fast and straightforward online - at one of world's fastest growing online book stores! Environmentally sound due to Print-on-Demand technologies.

Buy your books online at
www.morebooks.shop

Compre os seus livros mais rápido e diretamente na internet, em uma das livrarias on-line com o maior crescimento no mundo! Produção que protege o meio ambiente através das tecnologias de impressão sob demanda.

Compre os seus livros on-line em
www.morebooks.shop

info@omniscriptum.com
www.omniscriptum.com

Printed by Books on Demand GmbH, Norderstedt / Germany